儿童情绪自控力工具箱 ❹

"自控超人"的
15项超能力

[美]劳伦·布鲁克纳(Lauren Brukner)著
[美]阿普斯利(Apsley)绘
颜玮 译

机械工业出版社
CHINA MACHINE PRESS

Copyright © Lauren Brukner, 2016
Illustrations copyright © Apsley 2016
All rights reserved.

This translation of 'How to Be a Superhero Called Self-Control! Super Powers to Help Younger Children to Regulate their Emotions and Senses' is published by arrangement with Jessica Kingsley Publishers Ltd. www.jkp.com.

Simplified Chinese Translation Copyright©2023 by China Machine Press.

This edition is authorized via Chinese Connection Agency for sale throughout the world.

北京市版权局著作权合同登记　图字：01-2021-5283号。

图书在版编目（CIP）数据

儿童情绪自控力工具箱. 4，"自控超人"的15项超能力 /（美）劳伦·布鲁克纳（Lauren Brukner）著；颜玮译. — 北京：机械工业出版社，2023.3
ISBN 978-7-111-72573-2

Ⅰ.①儿… Ⅱ.①劳… ②颜… Ⅲ.①情绪-自我控制-儿童读物 Ⅳ.①B842.6-49

中国国家版本馆CIP数据核字（2023）第030433号

机械工业出版社（北京市百万庄大街22号　邮政编码100037）
策划编辑：刘文蕾　　　　　　　责任编辑：刘文蕾
责任校对：薄萌钰　张　征　　　责任印制：常天培
北京机工印刷厂有限公司印刷
2023年5月第1版第1次印刷
130mm×184mm·3.5印张·53千字
标准书号：ISBN 978-7-111-72573-2
定价：129.00元（全4册）

电话服务	网络服务
客服电话：010-88361066	机 工 官 网：www.cmpbook.com
010-88379833	机 工 官 博：weibo.com/cmp1952
010-68326294	金　书　网：www.golden-book.com
封底无防伪标均为盗版	机工教育服务网：www.cmpedu.com

献给世界各地的所有儿童。
我知道你们都是超级英雄。
超级英雄就是你现在的样子，
非常强大、独特和了不起。
请相信自己是超级英雄，
从你的思想到你的心灵和灵魂都相信
自己就是这样的超人。

前 言

这是一套关于孩子"情绪自控力"的图书。

学会掌控自己的情绪,是孩子成长过程中一个非常重要的维度。孩子身上的很多问题,比如无法专心学习、出现各种各样的问题行为,背后往往是"情绪"在作祟,使他们处于某种负面情绪状态,并且无法很快从中脱身出来。而这套书,就是要教给孩子一系列实用的技能,让他们能在遭遇负面情绪时,及时进行自我调整。

1. 四种情绪状态

建立情绪自控力,第一步是要让孩子能够识别自己的情绪状态。在这套书里,作者把人的情绪状态分为了四类:

第一种状态叫"刚刚好"。"刚刚好"是一种平和、安详的情绪状态,在这种情绪状态下,我们专注于自己正在做的事,可以开展深入的思考,也更容易感受到快乐。这也是我们需要尽可能去维持的情绪状态。

第二种状态叫"缓慢而疲倦"。"缓慢而疲倦"会给人一种筋疲力尽的感觉，我们可能会感觉自己四肢沉重，或者觉得自己很困。在这种状态下，我们很难集中注意力，有时还会变得很急躁。

第三种状态叫"快速而情绪化"。在这种状态下，我们在行为上会显得很亢奋，但是这种亢奋往往是由压力和令人烦心的事带来的。

最后一种状态叫"快速而摇摆不定"。当我们感觉"快速而摇摆不定"时，身体动作往往会不自觉地增多，以释放自己多余的精力和能量。这种情况下，我们也会很难集中自己的注意力。

有了这个分类，孩子会更容易分辨自己当下正处在哪种情绪状态之中。当他们意识到自己正在经历"缓慢而疲倦""快速而情绪化"或"快速而摇摆不定"的状态时，会更主动地想到："我需要想办法调整一下自己的情绪状态了。"

2. 三类应对策略

当然，只是意识到自己需要做出调整还不够，关键还要掌握能有效调整自己情绪状态的方法和策略。这正是整套书想要提供给孩子的。

这套书为孩子提供了三类适用于不同场景的情绪调整策略。

第一类策略我们称之为"随时随地让身体休息一下"。主要是一些我们在日常站姿或坐姿下就可以完成的小幅度动作，不需要使用其他工具，也不会占用太长时间。这意味着使用这类策略调整自己的情绪状态，不会打断我们正在做的事情，并且随时随地都可以做。

第二类策略是"工具"。有时候我们需要使用一些工具来帮助自己调整情绪状态。这里说的工具都是一些日常生活中很常见的物品，是一些物理的、有形的东西，很容易找到。它们可以帮助我们变得有条理、平静、重新集中精神并关注自己的身体。

第三类策略是"让身体彻底休息"。相对于前两类策略，"让身体彻底休息"是一种用自己身体进行的动作幅度更大的练习，这些练习往往需要专门的空间和时间来进行，这也意味着它会打断我们正在做的事。当然，相对而言，这类策略调整情绪状态的效果也是最强的。

在本套书中，以上每类策略都包含一系列具体的动作练习或工具，帮助孩子掌握调节自己情绪状态的技能。

这些基于心理学研究的练习和工具，会帮助孩子联结身体和情绪，通过让身体"跨越中线"、为身体提供"本体感觉输入"等方式，达到调节情绪的目的。

3. 如何更好地使用这套书？

这套书共包含 4 册，每册分别从孩子和成人两个视角展开：前半部分主要针对孩子的情绪状态，提供了很多简单易操作的、提升情绪自控力的方法；后半部分主要针对父母、教师及相关的教育者，提示他们如何正确地运用书中提供的方法和策略，以更好地帮助孩子。每本书的附录还把全书中的工具和方法进行了汇总和图示化，如"刚刚好"自检表、"我的十大优点"卡、自我观察清单、标记自己的感觉等，一目了然，便于读者更好地选用。

以上这些内容在本套书中都是以轻松的、适合孩子的方式呈现的。通过掌握这一系列的方法技能，孩子可以建立属于自己的情绪自控力，逐步成为自己情绪的主人，迈出自我成长中的关键一步。

致 谢

与之前一样，我非常感谢我的编辑雷切尔·曼齐斯，是她无休无止的辛勤工作、让人钦佩的耐心和对本书愿景的信念，帮助我将这本书从只是一个想法变成了你现在正在阅读的书籍的样子。我对她的感激之情无以言表。我还要感谢杰西卡·金斯利出版社优秀的编辑人员和营销团队。他们是如此重视出版那些能改善他人生活的书籍。能与这样一家出版社合作令我感到非常的幸运。

感谢阿黛尔·施罗特、艾莉森·波切利和加布里埃尔·费尔德伯格。你们是我遇到过的最好的同事、朋友和啦啦队队长。你们的奉献精神、辛勤工作和对学生们的热爱始终激励和鼓舞着我。能和你们一起工作真是一种荣幸。

感谢我所在学校由教职员工组成的非常勤奋、敬业和才华横溢的教育团队和治疗团队。多年来我有幸与你们共事，没有你们，我不可能写出这本书。我心存感恩，因为自己不仅能称呼你们为同事，还能称呼你们为朋友

（我希望我能一一说出你们所有人的名字，但这样就会占用太多篇幅了）。

感谢多年来与我一起工作的家长和孩子们。你们一直是我的老师。我从你们身上学到了很多东西。能在我的生活中继续拥有你们是我的幸运。感谢我尚未有缘谋面的家长们、老师们、学校的职员们，当然还有孩子们。你们知道，我也曾经历过你们所经历的种种事情。作为治疗师和妈妈，我要为你们鼓掌。你们非常了不起，请你们每天都意识到这一点。

感谢我所有的好朋友，无论远近，感谢你们的爱和支持。你们太棒了。感谢我优秀的父亲和母亲，感谢你们为我提供了帮助、爱和动力。你们让我知道，如果我相信我能写作，我就真的能写作。感谢我的姐姐，你永远是我最好的朋友。你相信我能成为作家，你的这一信念让我坚持不懈走到了现在。感谢我才华横溢的公公和婆婆，没有你们，我不可能写出这本书。

你们多年来的支持、爱和帮助使我能够追逐我的梦想。

感谢我生命中的挚爱，乔尔。感谢你忍受那每时每刻照在你脸上的电脑灯光，感谢你忍受我说的"我不能说话，我正在写作"的话语，感谢你持续而坚定的爱与支持，你是我的灵魂伴侣。最后，感谢我的三个小可爱。你们是我的生命。你们是我做这一切的原因。你们要意识到如果你们足够努力，并且足够渴望的话，你们就可以追随你们的梦想，完成比你们想象的更多的事情。

目 录

前 言

致 谢

第一部分　写给孩子们：送你一个"超能力包包"

关于我的一切：自我控制	...002
这本书该怎么用？	...008
第一章　沮丧	...009
超能力 1 号：深呼吸	...010
超能力 2 号：念咒语	...013
超能力 3 号：说出来	...017
第二章　焦虑	...021
超能力 4 号：给自己一个拥抱	...023
超能力 5 号：把担心揉成一团	...027
超能力 6 号：把担心扔掉	...030
超能力 7 号：做一个烦恼箱	...034

第三章　感觉信息处理 ... 038

　　超能力 8 号：按走你的摇摆 ... 039

　　超能力 9 号：挤走你的摇摆 ... 043

　　超能力 10 号：压碎你的摇摆 ... 047

　　超能力 11 号：缩成一团 ... 051

第四章　愤怒管理 ... 055

　　超能力 12 号：停止标志 ... 056

　　超能力 13 号：做一份清单 ... 059

第五章　情绪调节 ... 063

　　超能力 14 号：带自己去内心的平静之地 ... 064

　　超能力 15 号：给自己做个头部按摩 ... 069

孩子们，你们做到了！ ... 073

第二部分　写给成年人：为孩子提供方法与支持

巧妙使用本书中的活动与策略 ... 076

提醒手环 ... 086

学会一项超能力，获得自控力证书 ... 088

学会 15 种超能力，获得自控学位证书 ... 089

桌面提醒字条 ... 090

一目了然：资源图表 ... 094

第一部分

写给孩子们：送你一个"超能力包包"

关于我的一切：自我控制

好吧，我认识一些相当有名的超级英雄。他们是超级酷的男孩和女孩。他们会做一些超级酷的事情，比如在建筑物中间穿梭旋转，比如飞过大气层！我们不仅认识，而且他们做这些事的时候，会带上我！在飞行的过程中，我不怎么害怕，当然了，我也不怎么往下看。

其中一位超人叫快乐哈利。什么？你还没听说过他吗？哦，好吧，我不会告诉他的。嗯，他超级强壮，而且（嘘……不要告诉任何人），我们正在一起解决他的一些愤怒问题，这样即使事情没按他希望的那样发展，他也还是可以感到平静和快乐。你一定知道闪电丽兹吧！她是我认识的另一位超人。什么？不知道？你确定吗？好吧，她一定是走得太快了，快到你都看不着她！能够以光速去拯救世界这件事的确很棒，不过，我一直在帮助她放慢速度，当然，得是在她有空的时候。嗯，我的超级英雄伙伴中到底有谁是你可能认识的呢？哦，我想到了！橡皮人苏！她可以弯曲和伸展成各种形状。我最后一次见到她时,她正在帮助快乐哈利,她把自己卷成了人形饼干圈!我说的是真的。我一直在帮助她解决问题,好让她不仅身体灵活,而且思维方面也灵活一点儿!很有趣,不是吗?她可以把自己的双臂和双腿用各种方法灵活地弯成各种形状,但在某些事情上她却一点儿也不喜欢灵活,比如与他人分享什么东西或者以别人的方式去做事情之类的。还有,你也认识我呀。是的,没错,看完下面的章节你就知道了。我也是一个超级英雄。看到全方位无死角超赞的斗篷、面具和手表了吗?是的,相当的拉风吧?

我的名字叫自控。你听说过我吗？也许没有。我没有出现在任何一本漫画书里，也还没有出演过任何电影。我更像是那种"在球场外吆喝"的家伙。

你有没有遇到过这样的情况：你感受到一种非常"令人讨厌"的感觉，但你不知从哪里获得了力量和控制，最终让自己感觉好了一些。你猜怎么着？也许当时我就在你那儿，并且悄悄地把我的秘密告诉了你！

好吧，也许是，也许不是。我没有记下我在世界各地帮助过的所有孩子（和成年人）的姓名。我的工作太累人了……没有周末，没有假期，很少睡觉……但是，这些事总得有人去做啊。

所以，简而言之，我的工作是这样的：显然，我的超能力是让孩子们感觉自己是超级自控的专家！让他们用我朴素无华的"超能力包包"去摆脱白天（或晚上）可能出现的任何令人讨厌的感觉。现在不是谦虚的时候。我要说，在这方面，我的确很擅长。说了这么多，事实上，自控超人是我当超级英雄时的名字，你要记住，别忘了。不过，我的朋友们，你们可能特别想知道我会对你们有怎样的帮助。

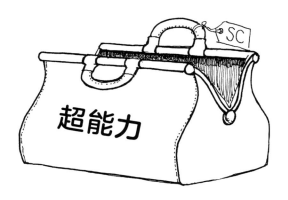

坦白地说，我累了。我不得不每周7天、每天24小时地飞来飞去，飞到地球上那么多需要我的地方去。这真有点让我筋疲力尽了。前几次是相当令人兴奋的：一天之内先在米兰吃冰淇淋，然后去东京吃寿司，接着再去芝加哥吃深盘比萨（是的，我可以飞那么快）。

可是现在，我只想休息一下。我想在周末拿上一本好书，蜷缩在沙发里慢慢看。我希望我的自控警报器不要每隔一分钟左右就"哔哔哔"地响个不停。

朋友们，是时候传递火炬了。让我把我所知道的都教给你们，这样，你们就可以变得像我一样，自控！也许，你还可以穿上我的披风。等等，你说你已经有一件了？我敢打赌你的那件披风和我的这件披风绝对不一样！

这本书该怎么用？

你准备好成为一名侦探了吗？好极了！先戴上你的侦探帽。要确保戴得又端正又严实。向下拉帽子，直到感觉刚刚好。完美。现在把你的手伸进衣服口袋里，向里、向里再向里。看，有个放大镜！现在，我们已经准备好要弄清楚如何帮助某些孩子们去解决他们的问题，同时帮助他们学会使用我的这个朴素无华的"超能力包包"了！

这的确有点儿神奇。我说的是真的。你不相信我吗？你很快就会亲眼看到了。如果我们以正确的方式去做那些技巧，我们就能帮助更多很难自控的人！如果我们不这样做，那么，我们只能祝他们自求多福了。

所以，让我们竭尽全力，好吗？你准备好了吗？如果准备好了，就请竖起你的大拇指。好了，让我们开始吧。

第一章
沮丧

我们首先要找找看孩子们会在哪些场景中感到沮丧。你知道"沮丧"是什么意思吗？当人们感到沮丧时，他们可能会感到难过或烦恼，尤其是当他们无法改变某些事情或者无法按照自己想要的方式去做某些事情的时候。

当你产生这种感觉时，你有什么有用的小窍门吗？是什么让你感觉好多了？如果你觉得自己可以分享这些内容，请安静地摸一摸你的鼻子。这个举动会向正在阅读这本书的成年人表明你想聊聊这些事。

超能力 1 号：深呼吸

大卫正在和哥哥玩棋盘游戏。哥哥赢了比赛。现在大卫很沮丧。他沮丧地拍着桌子，大喊道："这太难了！总是你赢！"

让我们一起学习如何帮助大卫，让他感觉好一些，可以吗？来吧，咱们合作一起干！

想要成为像我一样的人，第一步就是学习深呼吸！没错，深呼吸。但是，嘿，它听起来容易，做起来可难哦！让我们在深呼吸中找点儿乐子吧！好，闭上你的眼睛。假装你有一个装满泡泡的罐子。你感觉到罐子在你手中的重量了吗？是不是很滑？你一定要紧紧抓住它！做得好。现在，拧下盖子，把你的吹管从罐子里拉出来。它是湿的吗？如果是的话也没关系，甩甩就行了（这也叫灵活,是另一种很棒的自控的方法,我们后面再学)。你的吹管上有足够多的肥皂水吗?如果没有,就把它往泡泡罐子里再插进去一次。很好,我们全都准备好了。

现在,通过鼻子慢慢地吸气。当你呼气时,你要吹出一个大大的泡泡,和你所在的房间一样大,和正给你读这篇文章的那个大人一样大(相当大,对吧)。

请记住,如果你呼吸得太浅太轻,你是吹不出气泡的,但是,如果你呼吸得太快或者太用力,泡泡就会被你吹破!

让我们看看我们是否帮助到了大卫！（我希望如此。下棋本来很好玩，但输了棋对大卫来说是一种令人沮丧的感觉，是一件羞耻的事情。）

超能力 2 号：念咒语

你还戴着侦探帽吗？好极了！我们要处理下一个案子了。

莉莉在艺术中心看着她的朋友们给各自的家人画像。莉莉用力画了半天手很疼，她不知道怎样才能让自己的画看起来和朋友们的画一样好。她撕毁了自己的画，把碎片扔进了垃圾箱。她的老师走过来问她为什么这样做，"我画不好。我的画看起来像是一堆乱写乱画的东西！"

让我们一起学习如何帮助莉莉，让她感觉好一些，可以吗？ 来吧，咱们合作一起干！

准备好迎接超能力 2 号了吗？好吧，它听起来有点儿可笑。它的名字叫念咒语！这是什么傻词儿？嗯，我会告诉你的……

当我感到沮丧时，我喜欢一遍又一遍地对自己说一些单词和句子，这样做会让我感觉好一些。

例如，如果我在超人奥运会的飞行比赛中输了，我就对自己说"没什么大不了的！"或者"哦，好吧，下次再说！"

想想最近发生过什么让你感到沮丧的事情。如果能想起某个那种时刻，请不出声地竖起大拇指。好，很好！

让我们来练习一些咒语：

"哦，好吧，下次再说！"
"没什么大不了的！"
"我可以另找时间再试一次！"
"无论发生什么，我都是个了不起的人！"
"我是被爱的！"

你最喜欢哪句咒语呢？如果想到了，就不出声地竖起大拇指吧，这样正在读这本书的大人就会知道你心里有一句最喜欢的咒语了。如果愿意,你还可以把你最喜欢的那句咒语告诉他们。

让我们看看我们是否帮助到了莉莉!(我希望如此。我希望看到即使莉莉觉得自己的画不如朋友们的画,她也对自己能画得好有信心!)

超能力3号:说出来

到这里,你已经完成你的第一批超级英雄任务了。你已经掌握了前两个超能力:深呼吸和念咒语!拍拍自己的后背,对自己说:"做得好!"你已经迈出了成为我的前两步!好的,自控,专注,专注!让我们先看下面这幅图吧。

雷正在滑梯上排队等着玩滑梯。就在轮到雷滑的时候,另一个男孩冲上来把他推开,先滑了下去。"嗯,嗯……"雷结结巴巴地说,但令他沮丧的是,自己一句话也说不上来。

雷在说话方面有困难。你能想到一个自己脑子里有很多想法和感受但却无法向别人（或你自己）解释的时候吗？这可能会令人感到非常沮丧，不是吗？我也有过这种感觉（是的，就算是我，也会有说不出话来的时候）。是什么让你感觉好一些了呢？如果你愿意分享这些内容，请不出声地摸一摸鼻子，这个举动将向阅读这本书的成年人表明你想聊聊这个话题。

也许雷做了一次深呼吸，就像我们之前学会的那样，但他无法告诉自己或成年人他的感受是怎样的。

当你感到沮丧时，你有没有听到有人让你"说出来"？说出自己的感受有时是很难的，尤其是当你觉得悲伤、生气或有其他不好的感受时。我要很诚实地告诉你：

用语言来解释自己的感受是很重要的，至少要能对自己说清楚，最好还能向某个可以帮助你的成年人去解释，这样你才能感觉好一些。当你说出自己的感受时，某个可以帮你的成年人就可以想办法把你觉得困难的事情变得容易一些。

让我们来练习这项超能力：说出来！

闭上眼睛,像我们练习过的那样深呼吸(不要作弊……我会知道的,相信我)。现在,我想让你想一想自己此刻的感受如何。你感到快乐、平静或者疲倦吗?你感到沮丧、悲伤或者愤怒吗?也许你的感受是很多不同感受的组合,这也是可以的。当你的想法在头脑里变得清晰时,请竖起大拇指,然后开口告诉那位正在阅读这篇文章的成年人你的感受如何。

好了，回到雷的故事。让我们看看他是否使用了说出来这种超能力！这种新的超能力可以帮助雷告诉朋友该轮到他滑滑梯了！接下来去看看我们会发现什么吧。

第二章
焦虑

很多场景都会让孩子们感到焦虑或担心。你知道感到焦虑或担心是什么意思吗？当人们感到焦虑或担心时，他们可能会对很多件事情感到紧张。例如，你也许会担心可能发生的事情。如果你不确定会发生什么，那你就有可能会感到担心或焦虑。担心有可能会同时存在于你的想法和你的身体里。你可能会心跳加速，也可能会感觉胃不舒服，还可能会感到头痛。你身体的其他部位也可能会感觉很不对劲。你有没有一遍又一遍地为同一件事感到担心？那些担心的想法是否会突然出现在你的脑海中，甚至，就在你尽力不去想它们的时候它们还是出现了？有些孩子可能会试图远离让他们感到焦虑或担心的人、地方或事物，但是，当他们这么做了之后，他们通常会错过生活中最美好的部分！感到焦虑或担心真是让人左右为难呢。

当你产生这种感觉的时候,你有什么有帮助的小窍门吗?怎么做能让你感觉好一些呢?如果你愿意分享这些内容,请安静地摸摸头顶。这将向正在阅读这本书的成年人表明你想聊聊这个话题。

超能力 4 号：给自己一个拥抱

让我们来聊一聊超能力吧！你们这些小家伙都太棒了！拍拍自己的后背，为自己出色的工作表扬一下自己吧。下一个需要我们帮助的孩子是约瑟夫。我知道你们有能力帮助他。

约瑟夫不喜欢消防演习。每天，他一进教室就会马上问老师："今天我们有消防演习吗？"约瑟夫的老师每天都必须告诉他当天是否会有消防演习，这样在火警铃声大作时约瑟夫才不会那么紧张，才能和班里的其他同学一起快速地沿着走廊走到外面去排成一队。"这只不过是演习而已。"约瑟夫的老师提醒他说。有一天，老师没告诉他当天有演习。结果，火警铃响了！约瑟夫觉得特别特别害怕！他开始大喊大叫并且躲在了自己的课桌下面。"救命,救命啊!"约瑟夫尖叫起来。

哦不,我们必须让约瑟夫离开教学楼,必须让他能和班里的同学一起练习在火灾中逃生的方法和流程!你准备好了吗? 我们开始吧!

准备好迎接超能力4号了吗?很好,这是我在自己感到害怕时常常使用的一种超能力。(好吧,小兔子是让我感到害怕的动物之一……别笑了!我能透过书页听到你的声音!)这项超能力是……给自己一个拥抱!

想想最近发生了哪件让你感到紧张、惊恐或害怕的事情。想好了就不出声地竖起大拇指。好,很好!

现在,闭上眼睛。想象一个能让你感到最平静、最快乐的地方。对我来说,那个地方就是我家客厅的沙发。当我用柔软的毯子包裹着自己,和爸爸妈妈依偎着坐在沙发上喝热巧克力的时候,我就会感到特别的平静和快乐。我可以想象毯子是多么的柔软,我是多么想和爸爸妈妈靠在一起,我舌头上的热巧克力又是多么的甜。当我躺在爸爸妈妈胸口上的时候,我能听到他们心跳的声音。

轮到你了。你的那个平静而快乐的时刻是什么呢?你如果想到了就竖起大拇指吧。现在,伸出你的手臂,紧紧地抱住那一刻,让它留在你的心里。请记住,每当你感到害怕时,那一刻就在那里,在你的心中。你可以随时抚摸你的胸口,或者再做一次这个超能力动作来让自己感到平静,这样你就不会再感到那么害怕了。

让我们看看只是做了"给自己一个拥抱"这个动作能否帮助约瑟夫感觉好一些,让他平静而安全地从教学楼里出来吧。

超能力 5 号：把担心揉成一团

哦，不得了了，男孩女孩们！咱们的朋友莉安娜需要咱们的帮助。

莉安娜坐在床上，紧紧抱着她的毛绒小熊，号啕大哭。她的床单凌乱地堆在周围，她的头发乱七八糟地缠在一起，她的眼睛看起来有点肿。莉安娜的妈妈冲进了房间。"妈妈，我做了一个噩梦！我很害怕！"妈妈揉了揉莉安娜的背，轻声说道："回去睡觉吧，你很安全。"莉安娜却哭得更大声了。"我做不到！我太害怕了，我睡不着！"

你喜欢弄皱什么东西吗？我超级喜欢！我喜欢把东西揉成一团，所有类型的东西都可以：报纸、作业纸、餐巾纸……你能想到的各种纸。那种感觉棒极了!你会非常喜欢我们的下一个超能力,把担心揉成一团!

闭上双眼。在脑海中想象一张纸和一支记号笔。纸是什么颜色的?记号笔是什么颜色的?在脑海中画出让你感到害怕的东西。全都画出来,不要有任何遗漏!如果乱写乱画能让你感觉好一点儿,你也可以那样做!现在,双手握到一起,尽自己的可能把那张纸揉成最小的球。现在,那些让你感到担心或害怕的一切都消失掉了!

让我们看看"把担心揉成一团"是否能帮助莉安娜再次睡着吧……

超能力 6 号：把担心扔掉

每个人都会有害怕的事，对吧？以我为例。我害怕泰迪熊。（你别笑话我，我能透过书页听到你的声音！）我也怕吵闹。尽管我非常喜欢电影，但对我来说，去电影院看电影是件很难的事情。我必须使用我的一些超能力来适应噪声，让自己不再害怕那些噪声，这样我才能真正地享受电影。你害怕什么事呢？如果你觉得自己想跟他人分享，就请抬起你的右膝盖，这样正在读这本书的成年人就会知道你想分享了。

好吧，现在来了一个需要我们帮助的孩子。你猜怎么着？他也害怕噪声。

"吵死了！吵死了！"维克多的耳朵嗡嗡作响，火车在铁轨上呼啸而过的声音让他浑身都难受。那种噪声很可怕，

感觉像是从他身体里面传出来的声音似的！他把耳朵捂得很紧，但就是挡不住那种声音！他无处可逃。"妈妈！"他大声叫着。他的妈妈揉着他的背，紧紧地拥抱着他。"这个噪声伤害不了你，我们就快下车了。别担心。"她一遍又一遍地说，她的声音很大，她想要用自己的声音掩盖火车的尖叫声。维克多听不见妈妈的话，火车发出的噪声实在太大了！

哇，我完全能理解维克多的感受。你能吗？好的，让我们学习一种可以帮助维克多的新的超能力吧。准备好了吗？我们开始吧！

这种超能力被称为"把担心扔掉"！下面是我们将要去做的事情：

四处看看你所在的房间。你想把你的担心扔到哪里去呢？你想把它们扔出窗外吗？还是扔进垃圾桶？或者朝门口扔？扔到椅子后面怎么样？当你想好了要把担心扔到哪里去时，就摆动一下手指吧。现在，闭上双眼。你觉得你的担心最有可能在你身体的什么地方？它们在你心脏里吗？还是在你的肚子里？或者在你的脑袋里？或者，到处都有？你的担心是什么颜色的呢？你能在脑海中想象它们吗？太好了。现在，无论这些担心在哪里，把它们统统抓出来，握住它们，然后，把它们全部都扔到你刚才选择的地方去。呼，现在感觉是不是好一些了？

你认为我们的帮助让维克多对火车上的噪声感觉好一些了吗？我希望如此！

超能力 7 号：做一个烦恼箱

把你那顶侦探帽上的灰尘掸掉，把放大镜也擦干净！我们还有更多的救援工作要做！

寒假结束后的第一天，沙伊娜要回到学校去上学了。在她的班上，有她认识的朋友，但是突然之间，她感觉自己害怕走进教室。她感觉自己不如放寒假前对教室那么熟悉了。她的老师站在门口说："男孩和女孩们，欢迎回来！进来吧！"沙伊娜感觉自己的双脚像是被粘在了地板上。她把背包抱在胸前，开始哭泣和颤抖了起来。

我可以告诉你一个秘密吗？我不喜欢在短途旅行和假期后回到当超级英雄的工作中。感觉有点可怕，就好像我忘记了一部分工作似的。我办公室的某些部分让我感觉不那么熟悉，不那么安全了。我理解沙伊娜的感受，你呢？如果你也理解这种感觉，请竖起你的大拇指吧。

我敢打赌，你有时也会有这种感觉，对吧？我们所有人，甚至超人都会有这种感觉（还是不要说出去吧，这对超人的声誉来说可不大好）。

让我们一起学习如何帮助沙伊娜感觉好一些，可以吗？你可真棒啊。

我们将要使用的下一个超能力的名字是"做一个烦恼箱"！"什么？"你可能会问。没错，就是一个烦恼箱。让我们来学习如何制作它……在我们的脑海中。

闭上双眼。现在，我要你在脑海里想象一个箱子，然后把你所有担心的和害怕的东西都放进去，然后把箱子锁起来，这样任何一个小小的烦恼都逃不掉了。你的烦恼箱是什么样子的？是彩色的吗？它的表面是光滑的还是粗糙的？你想好了吗？现在，马上把让你担心的每一样东西都放进你的烦恼箱里去……要确保所有的都放进去了！现在，仔细地盖上盖子，然后锁好，锁严实。这就对了。现在，那些烦恼都被锁住了，不能打扰我们了。我们不必再考虑它们了，它们不见了！

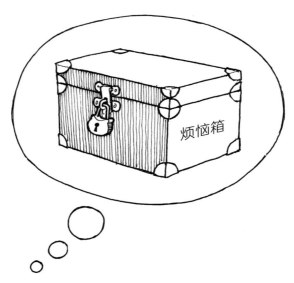

你认为使用"做一个烦恼箱"这项超能力能帮助沙伊娜放心而快乐地进入教室了吗？让我们来看看吧。

第三章
感觉信息处理

我们接下来要看的所有场景都有孩子们感到摇摆不定。你知道"摇摆不定"是什么意思吗？当人们感到摇摆不定时，那是他们的身体在说："嘿，我坐得太久了！我需要动一动！"你身体上有没有什么部位让你感到特别摇摆不定的？有些孩子有，有些孩子没有。无论你们有没有这种感觉都没关系。至于我，我经常感觉自己的双手和双脚摇摆不定。每过一会儿，它们就要开始动——嗯，也就是说，直到我使用了你们将要学习的下一个惊人的超能力后，我的双手和双脚才能停下来不动！

当你有了这种摇摆不定的感觉时，有什么对你来说有用的小窍门吗？是什么让你感觉好一点儿了呢？如果你觉得愿意分享这些内容，就请在座位上扭一扭你的身体吧（安静……别扭得太傻了！我可以看到你的！好吧，你那样扭动并不好玩）！这个动作将向正在阅读这本书的成年人表明你想聊一聊这个话题。

超能力 8 号：按走你的摇摆

好了，男孩和女孩们。你准备好动一动了吗？没错，我们要做一些体育锻炼。我们要放松我们的肌肉，伸展我们的身体。你们想知道为什么吗？这是因为这个超能力是专门设计好，要以超级有趣而且超级简单的方式来帮助那些想要战胜自己摇摆不定感觉的孩子们（和成年人）！让我们看看谁需要我们的帮助吧。把你的两个手掌合在一起，让我们"潜入"下面这张画里吧。

到了该开早会的时间了。罗恩坐在地毯上，他的位置靠近地毯的边缘。他非常非常努力地想保持安静，但是这真的太难了！他觉得后背和脖子很疼。他的两条腿好像有它们自己的想法似的，感觉贴在地上很难受。罗恩的双手和双脚开始敲打起来。刚开始动作很轻，也没发出什么声音，随后越来越响。最后，老师不得不轻轻拍拍他并小声对他说："请控制你的身体。"但是，应该怎么做呢？罗恩非常想知道。那种摇摆不定的感觉让他觉得自己快要崩溃了。

你有没有过和罗恩一样的感觉？我肯定有过。如果你有过这种感觉，就请摆动一下左手的大拇指（即使你没有摆动左手大拇指，我也敢打赌你有过。我是自控超人，记得吗？我最了解这类事情了）。

准备好去帮忙了吗？好极了！我们即将尝试的超能力叫"按走你的摇摆"！把你身体里所有的摇摆不定都"抓"出来。从脚趾开始，一直到头顶。把"抓"出来的摇摆不定都握在手中。你已经都握住了吗？好极了。现在要做的事情有点儿难，要高度注意哦。让一只手臂交叉越过另一只手臂，把两只手放在对侧的肩膀上（这时双手还是保持握拳的姿势，紧紧握住你的那些摇摆不定）。现在，张开你的双手，向下按两个肩膀，让那些摆动消失！很神奇吧！

你是怎么认为的?我们这个"按走你的摇摆"的练习足够帮助罗恩坐下来听老师讲课了吗?让我们来看看吧!

超能力9号：挤走你的摇摆

我能问你一个问题吗？你是否曾经有过这样的时刻：你觉得自己坐得太久了，活动的时间太少了？我肯定有过。有一次，我参加了一个持续8个小时的超人大会！8个小时之内我们只能站起来活动30分钟！你能想象自己要坐那么久吗！我再也不想去参加那样的大会了，绝对绝对再也不去了——就算能吃到美味的免费比萨，我也坚决不去了！

我们还要帮助谁吗？还有谁遇到过摇摆不定的麻烦吗？把你的放大镜擦一擦。擦干净了吗？好极了！

杰西卡正和家人一起吃晚餐。她的姐姐、妈妈和爸爸坐在餐桌旁，一边吃饭一边谈论着他们的一天。杰西卡坐不住。她就是不想再坐着了。"我在学校里整天都必须坐着，"当妈妈把她从靠近窗户的地方带回座位时她抱怨说，"我就要这样吃饭，否则我就不吃了！"杰西卡大声喊着。她倒挂在椅子上，试着往嘴里塞一块西兰花。"你这样会噎着的！"妈妈惊呼道。她夺过了西兰花，拿走了杰西卡的盘子。"当你准备好坐下来安全地吃晚餐时，你就可以拿回你的盘子了。"

好了，还记得"按走你的摇摆"这项能力吗？我们现在要学习一种新的方法，我们不"按走"摇摆了，我们要挤走它们，就像把橙子挤出橙汁那样。和咱们之前做过的一样，先把你所有的摇摆从身体里"抓"出来，从你的脚趾开始，一直到你的头顶。现在，把它们握在你的拳头里。所有摇摆都抓出来握好了吗？如果已经握好了就抬一抬你的右脚。现在，用双手去挤压那些摇摆，用力挤，直到它们消失为止。干得好！

你认为"挤走你的摇摆"这个超能力能够帮助杰西卡安全地吃晚饭吗?让我们来看看吧……

超能力 10 号：压碎你的摇摆

你喜欢课间休息吗？不，我敢打赌你真的不喜欢。到处跑来跑去，到处打打闹闹？你宁愿去吃卷心菜。虽然这么说，但我可不是在批评卷心菜啊，它们其实很好吃的。

我只在开玩笑说课间休息的事情。课间休息很有趣，不是吗？你有没有觉得你只是不想回到教室里面，所以就继续跑和玩耍？如果你也有这种感觉，就请摸一摸你的左膝盖吧。我当然有这种感觉，但是对我来说，我是用飞的，而不是用跑的。我才用不着跟你吹牛呢。

嗯，让我们来看看杰克身上发生了什么事吧。先检查一下你的侦探帽，要确保把它戴得又端正又严实。好了吗？棒极了！

杰克正在享受课间休息。他在爬攀爬架。他爬得那么高！他从一个横梁摆动到另一个横梁。哇！他发现一群朋友在玩捉人游戏。他立马飞奔过去加入了他们。杰克扮演被捉者，他每次都能飞快地跑开，远远地离开捉人者。他跑得那么快，没有人能追上他！"叮铃铃！"铃声响起。课间休息结束了。杰克的朋友们一个接一个地离开了院子。他们拿上自己的饭盒，排成了一队。但是，杰克不想停止奔跑！"呜呼！"他大笑着，在已经空荡荡的院子里跑来跑去。"你现在该去排队了！"课间辅导老师走到杰克身边说。"可是我停不下来！"杰克说。"我真的停不下来！"

哦，我们刚刚聊的就是这个！我知道如何帮助他。让我们来学习"压碎你的摇摆"这项超能力吧。和咱们之前做过的一样，先把你所有的摇摆从身体里"抓"出来，从你的脚趾开始，沿着所有的道路向上一直到达你的头顶。都抓出来了吗？好极了！现在，掌心相对，就好像用两只手抱着一个大球那样。准备好了吗？现在，把双手合在一起，用力压、压、压，直到把那些摇摆都压碎，直到它们都消失掉！你做到了！

我很喜欢这项超能力。你认为我们这个"压碎你的摇摆"的超能力能帮助杰克重新排入班级的队伍吗？

超能力 11 号：缩成一团

你在听别人给你读这本书的时候是不是感觉自己有点摇摆不定？如果是，那你为什么不试试我们刚刚学到的某一项超能力呢？还记得我们是如何练习以下三个超能力的吗？

- 按走你的摇摆！
- 挤走你的摇摆！
- 压碎你的摇摆！

你需要别人帮助你记住如何使用这些超能力吗？没关系，你可以请为你读这本书的那个人提醒你。他们非常了不起而且会很乐意为你提供帮助。

好了，让我们看看下一个需要我们帮助的孩子是谁。他的名字叫乔尔。

　　乔尔坐在厨房的餐桌旁。他知道自己应该去做阅读作业,但是,对乔尔来说,当妈妈在打电话,哥哥在旁边吃晚饭,而他自己甚至都感觉不到自己的身体时,去坐着做作业实在是一件非常困难的事情!"妈妈,我太累了,累得没办法阅读了,"乔尔喊道:"我甚至都不能坐下来。我晚些时候再读,好吗?"乔尔把他的书扔到桌子上,开始在沙发上蹦蹦跳跳。"别跳了,回去做作业!"乔尔的妈妈说,她的声音中带着一丝恼怒。"不!"乔尔回答,他跳得越来越高,越来越快了。

你已经开始有家庭作业了吗？即使还没有，我打赌你也能理解那种不想再坐着的感觉，对不对？你是否曾经感到过非常摇摆不定或者非常疲倦，以至于你甚至都感觉不到自己的身体了？这是一个很难的问题，我知道。花点时间好好想一想。你可能并不知道答案，不过这没关系。

我们需要为下一项超能力在地板上腾出一块空间。下面我们来为学习下一项超能力"缩成一团"做准备。

首先，双手和膝盖着地趴在地上。接下来，用双臂围住头部，把身体卷成一个特别紧、特别紧的球。你可以腹部朝向地板去做，也可以腹部朝向侧面去做。现在，想象一下你身体的哪个部位最让你感觉到摇摆不定。那些摇摆不定是存在于你的双脚吗？还是存在于你的双臂？或者，你的脖子？还是，遍布了你的全身？现在，将这些摆动挤出你的身体，直到它们完全消失掉为止。啊……你做得太好了！

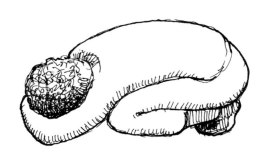

你认为怎样?我们能帮助乔尔完成他的阅读作业吗?接下来去看看吧。

第四章
愤怒管理

我们接下来要去查看的所有场景里都有孩子在感到愤怒。你知道"愤怒"是什么意思吗？当人们感到愤怒时，他们会在内心感受到一个警告，指出有些事出了问题。当你愤怒时，你会感到非常、非常的生气。你的某些部分甚至可能会感觉自己受到了威胁。愤怒的感觉是生理上（在你的身体里）和心理上的（你怎么看待那些让你愤怒的事情）。当你感到愤怒时，你的心跳可能会加速，你的肌肉可能会感到紧张，你的呼吸也可能会变快。你的想法产生得太快了，甚至让你都无法仔细思考！

当你产生这种感觉时，你有什么缓解愤怒的小窍门吗？是什么让你感觉好一些了呢？如果你愿意分享这些信息，请安静地挥一挥你的右臂。这将向正在读这本书的那个成年人表明你想聊聊这件事。

超能力 12 号：停止标志

哇！孩子们！你们正走在自控训练的路上！任何人任何事情都无法阻挡你们！下一个需要你们出手的事情简直就是小菜一碟啦。

你们的侦探帽和放大镜还在吗？好极了！我们需要它们来帮助我们解决这个问题。

让我们先看一下图片。

教室里充斥着笑声、音乐声和愉快的谈话声。杰克和莱尼用大泡沫块堆砌成一座巨大而高耸的城市。迪娜和罗尼忙着做老师的帮手，琳达和莎妮待在艺术中心循环纸链的旁边。

梅丽莎瞥了一眼房间的中央。阿维娃、丹尼尔、查克和本都在那里跳舞，他们一起微笑和大笑着。"我跳舞跳得那么糟糕，"梅丽莎想，"我不能过去加入他们。另外，没有我，他们玩得很开心。他们把我排除在外了。他们甚至都没有注意到我一个人孤单地待在这儿！"

好了，让我们来学习下一个超能力吧！当你感到愤怒时，你可能只想大喊、尖叫、哭泣或以一种可能不友善或不安全的方式使用自己的身体。你猜怎么着？这种超能力可以帮助你停下来并且恢复对自己的控制！让我们试试吧。这个新的超能力叫"停止标志"！

闭上双眼。在脑海中想象出你自己的停止标志。它有哪些颜色？它是什么形状的？它摸上去感觉怎么样？现在，如果你在脑海中想象出了自己的停止标志，那就安静地告诉自己，"停"。你知道怎么数到10吗？现在，试着慢慢数：1、2、3、4、5、6、7、8、9、10。

真棒！让我们看看自己的停止标志！这项超能力是否能够有力地帮助梅丽莎感觉好一些呢？一起去看看吧。

超能力 13 号：做一份清单

我可能会提前休假了！谁知道你会学得这么快呢？你确定你以前从来没有上过自控学校吗？没上过？嗯，好吧……如果你确定的话……提醒我稍后去看看你早餐吃了些什么吧。你吃的早餐对你的大脑来说一定很棒。我应该把它添加到我的购物清单中去。

请掸掉你侦探帽上的灰尘，把你的放大镜也擦干净！我们将需要它们来帮助我们解决下一个棘手的案子。我喜欢你们这些自信的面孔！我们可以做到的！

金斯顿，我们来了，伙计！

金斯顿没有清理他房间里的玩具。"我很遗憾,亲爱的,不过,你今天下午不能和蒂莫西一起去玩了。"金斯顿的母亲说。"你这是故意惩罚我!我累了!玩具太多了,我整理不过来!"金斯顿大叫着,扑倒在自己的床上。

好了,我们来学习下一个超能力吧!当你感到愤怒时,可能会有很多不同的问题同时涌入你的脑海。把它们赶出去是不是会好一些呢?这就是下一个超能力要做的事!它被称为"做一份清单"!

闭上双眼,深呼吸。花点时间想一想:你脑子里有什么东西让你感到不知所措和愤怒呢?在脑海中想象一张纸和一支钢笔（铅笔、蜡笔或记号笔也行）。如果你全想好了，就请无声地竖起大拇指吧。现在，在脑海中把每一个问题都写或画在那张纸上。把那张纸折叠起来。如果你之后还需要它的话，你可以晚些时候再回来打开。

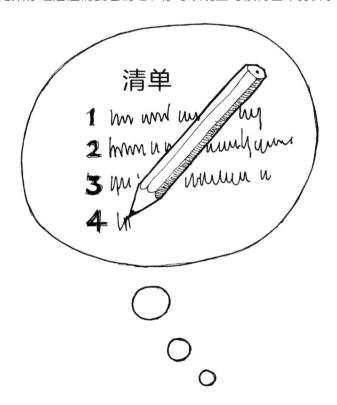

干得好！让我们看看我们这项"做一份清单"的超能力是否能帮助金斯顿感觉好一点吧。请随我来。

第五章
情绪调节

我们接下来要去查看的所有场景都有孩子感受到我称之为"令人讨厌"的感觉。是的,你没听错。我说的"令人讨厌"的感觉,是那些不好的、悲伤的、疯狂的、受伤的、让人想哭的感觉。每个人都经历过它们。但是,就像本书其他章节所说的那样,你猜怎么着?我们可以对这些感觉做一些事情。这正是我们的超能力可以发挥作用的地方!

当你感到任何一种或多种"令人讨厌"的感觉时,哪些有用的小窍门能帮助到你?是什么让你感觉好一些了呢?如果你愿意分享这些内容,就请眨眼三次吧。这将告诉正在读这本书的那个成年人你想聊一聊这个话题。

超能力14号：带自己去内心的平静之地

哇，迷你超级巨星！我们快毕业了！你已经掌握了几乎所有的超能力！当我的警报器再响起来的时候，我可以给你打电话吗？完美。你要么接听我打来的电话，要么就傻傻地看着我从空中飞过。你选吧！

麦琪感到十分茫然，不知所措。吃午饭的时候，学校里的朋友不想和她坐在一起；上课的时候，老师说她没有认真听讲；而现在，弟弟一边摸着她的头发一边放声大笑！实在是太过分了！麦琪动手打了弟弟！她简直太生气了！"回到你的房间去!" 麦琪的妈妈惊呼道,"君子动口不动手。"麦琪双手握拳,耸着肩膀,冲着妈妈吼道:"这太不公平了!你只看到我做了什么,从来不管他!"

这个故事太真实了。我有一个妹妹,你猜怎么着?我总觉得她无论做了什么错事都能逍遥法外,而我却是那个一直在惹麻烦的人。这个想法会让我更加生气,然后又会让我再次惹麻烦,所以我惹了很多麻烦。你能理解这种感觉吗?如果能理解的话,就拍三下手,然后摸一摸鼻子吧。

是时候来学习我们的倒数第二个超能力了:带自己去内心的平静之地!

在长途飞行中,当我感到特别不知所措时,我有时会把自己带到一个想象中的地方去,一个对我来说很平静很美丽的地方。这是我最喜欢的超能力——"带自己去内心的平静之地"!让我们一起来试试吧!

闭上双眼。慢慢地吸气和呼气。留心倾听自己吸气和呼气的声音。现在,那个声音会带你到一个神奇的地方,一个叫"宁静乌托邦"的秘密之地。打开你的双臂。

你现在漂浮着，在你的上方和下方闪烁着星星。一颗流星从你的眼前掠过，在你的脸上留下一道光影。

突然，一条隧道出现在夜空之中，紫色、蓝色和绿色旋转着，你游入其中，感觉温暖而舒适，就好像自己被轻轻地推向白色而蓬松的云层。云层又软又黏，像棉花糖似的。你沉入其中，感觉自己被云朵拥抱着，被阳光照耀着。你现在在身处"宁静乌托邦"。天空是波光粼粼的蓝色，地平线上散落着小彩虹。你几乎可以伸手触摸到它们！

你意识到你的云朵正在慢慢地下沉，停在一条被紫色和蓝色花朵包围着的冒泡的小溪那里。那些花朵闻起来很香，你几乎可以尝出它们的味道。你裸露的脚趾和手指感觉绿草是那么的柔软。当地平线上的云层散去，你看到了一座金银相间的城堡，闪闪发光的宝石台阶从你面前的大地中冒出。你迈出一步，感受到自己裸露的双脚踩在冰凉的珠宝上。你朝城堡走去。古老的木门在打开时发出了轻微的吱吱声，你小心翼翼地走了进去。

一个房间出现了，它的墙壁是宝蓝色的，房间中央有一张金色的桌子。桌上有一个罐子，罐子里装着闪闪

发光的亮片。罐子的旁边躺着一张纸条。纸条上写着:

欢迎来到平静与安宁的城堡。闭上眼睛。在脑海中想象你对自己的所有希望和梦想。你希望自己自信吗?那你马上就自信了。你希望自己能控制自己吗?那你不要只是对自控抱有希望,而要去实现它。抓住一把光,再说一遍这些对自己的希望。准备好了后,睁开眼睛。记住,要提醒自己有这么个地方以及你的那些梦想。你甚至可能会发现一些闪闪发光的斑点留在了你的衣服上。

现在，睁开眼睛。你感觉如何？希望我们新的超能力"带自己去内心的平静之地"已经帮助到了麦琪。接着往下看我们就知道了。

超能力 15 号：给自己做个头部按摩

哦，我的天啊！我们现在要学最后一个超能力了。我简直不敢相信。我迫不及待想把这个超能力展示给你看看。让我们帮助最后一个需要帮助的孩子，好吗？

哈利已经为这个通宵派对等了整整两个星期，现在终于可以实现了。山姆从他自己家过来了，他们穿着舒适的睡衣一起看电影，已经过了该睡觉的时间，但他们还在继续吃零食。这真是太完美了。好吧，在哈利的哥哥走过来坐在他和山姆中间之前，一切都是完美的。"你们为什么看这部电影啊？你们为什么不玩抓人游戏呢？我要开始了！""好的！"山姆回答，把哈利一个人留在了沙发上。"但是我不喜欢玩抓人游戏，"哈利对他们说，"我想继续看电影。""那么，我们玩的时候你自己看吧，是不是，山姆？"哈利的哥哥和山姆跑开了。泪水不断地涌上哈利的眼眶，最终流了下来。"这是有史以来最糟糕的通宵派对了！"哈利想。他走进自己的房间，关上了门。"他们甚至都不会注意到我上床睡觉了。"

你有没有感到过悲伤？孤独？被别人排除在外？我有，而且这种感觉一点儿都不好。但是，你猜怎么着？即使我们不能改变他人，我们还是可以做一些事情来改变我们自己的这些感受。我永远记得当我有这种感觉时，我妈妈对我说的话："你无法改变别人，你无法改变很多情况，但你可以改变自己的感受和反应。"她真是位聪明的女士啊。

想知道怎么应对我们刚刚谈论的那些令人讨厌的感觉吗？这就把我们带到了最后的一个超能力：给自己做个头部按摩！没错。我是认真的。

闭上眼睛。想象一下那些令人讨厌的想法正待在你大脑中的什么位置。当你找到这些想法时，用左胳膊肘碰一下你的右膝盖。现在，将左手放在头的左侧，右手放在头的右侧。揉啊揉，揉啊揉，把那些令人讨厌的感觉从大脑中揉出来，直到它们消失为止。很神奇吧！而且按摩头部的感觉也很不错哦。

我希望我们能够帮助哈利改变他对那次通宵派对的看法!让我们去看看是不是这样。

孩子们,你们做到了!

恭喜!你们已经获得了正式的"自控学校毕业证书"!现在,你们已经学会了使用我的超能力,我应该不会在我的"自控警报器"上看到你们了,是不是?

也许有一天,通过足够的练习,你们每一个人都可以赢得一只属于自己的"自控警报器"。但是,那是另一本书要教你们的——如果我能在接求助电话的空闲时间里找到足够多的时间来写那本书的话。

不过，我写不写得成要取决于你们。练习，练习，再练习。如果有足够多的孩子能练习自控，并使用本书中那些炫酷的超能力，那么也许我能有足够的时间去写我的下一本书，去分享更多惊人的秘密。

也许，我甚至能抽出时间在周日点份外卖来吃，或者，在你们最不期待我的时候出现在你们家、你们的学校，甚至你们的玩耍约会现场！

自控者们，去拯救他人吧！

第二部分

写给成年人：为孩子提供方法与支持

巧妙使用本书中的活动与策略

深呼吸

当我与孩子们一起工作时，我发现使用真的吹泡泡玩具是一种很好的方法，可以让他们以具体的方式来了解做深呼吸时怎样是正确的动作，怎样是错误的动作。在为孩子们读深呼吸那一章节之前，您可以自己先做个示范，让孩子们看到当您呼吸得太用力、太快以及没有吸入足够空气时会发生什么。然后，让孩子们一个接一个地轮流做。为了让他们把自控力融入活动中，我喜欢说"你们可别把泡泡弄破了啊，看看，它们掉下来的时候多好看啊"，或者"你只能把你自己吹的泡泡弄破，不能把别人吹的泡泡弄破"。

念咒语

对某些孩子来说，创造一个可视化的工具可能会对他们更有帮助，至少在最开始的时候是这样的。您可以将您希望孩子们铭记的咒语写在这个工具上，这样他们就可以每天使用了。您可以用图形/图画的方式在手环、书签、便利贴、钥匙扣等物品上进行书写或用其他办法来呈现那个咒语。您可以将那个咒语放置在家庭和学校环境中的许多地方，以便孩子可以常常见到并记住那些信息。为了让孩子们从这个策略中获得内在的意义和满足感，您可以让孩子们自己选择咒语。

说出来

当孩子们经历强烈的情绪时，他们可能会因为各种不同的原因而不开口讲话。这可能是由于发育困难、医学方面的原因、习得行为或多种因素造成的。有个不错的办法是：您可以为孩子们提供表达自己的替代方式（例如，用视觉图表来表达，诸如"我感觉……"或"我需要……"），并让他们自己去选择。另一个办法是：当您看到孩子们开始失去控制的警告信号时，递给他们一张写着"我需要休息"的卡片。您可以在您家里或教室里设立一处安全的空间，让孩子们可以去那里花些时间复原（把这个方法与可视化计时器搭配在一起使用通常效果都不错），孩子们能够在那个安全的空间里慢慢厘清自己的想法，然后他们就可以开口讲话了。他们也许会自言自语（更清晰地思考），也许会开口向他人去说（您或另一个"帮助他们的成年人")。请记住，说话是一项困难的技能，有些孩子可能会需要比其他孩子更多的时间去检索出能表达他们感受与想法的词语。

给自己一个拥抱

这是我在这本书中最喜欢的身体自我调节策略之一，也是儿童较少依赖于成人的干预就能让自己获得深度压力输入的一种简单方法。深度压力，或本体感觉输入，为身体提供了关于它在空间中处于何种位置的信息，并且是一种让孩子们感到安全、舒适和能够自我调节的快速而简单的方法。就这一点来说，所有的孩子都需要在一天之中有规律地接受深度压力并且从事其他基于感觉的运动，这对于他们维持自我调节来说是非常重要的。只有这样，孩子的神经系统，包括他们大脑中的"应对化学物质"，才能保持活跃并能够处理日常生活中发生的对他们来说不太好的事情。无论您是父母、老师还是治疗师，重要的是要认识到孩子需要有机会参与一些让他们能动一动的事情。我们不能指望孩子长时间一动不动地坐着完成那些通常都是基于认知的而且必须坐着完成的任务。这类运动的例子有：

- 给自己一个拥抱
- 交叉爬
- 开合跳

有关更多运动调节的详细信息,您还可以参照我的这一系列的其他几本书。

把担心揉成一团

为了介绍这项活动并使其更加具体,您可能需要先完成一项"从笔到纸"的任务,即,给孩子一支马克笔和一张纸(此时尽可能多地给孩子提供选择的机会),并让他们亲自写下或画出他们所有的烦恼。完成后,让孩子将纸揉成一团并扔掉。这个过程或许会让这项超能力显得更加具体化。

把担心扔掉

在学习这种特定的超能力之前,您可能会希望先完成一项有形的活动。例如,您可能想尝试使用柔软的物品,例如绒球或棉球,让您的孩子们在拿起每件物品时说出一个他们个人的担心。接下来,让孩子们将这些物品全部收集起来,并将这些有形的烦恼扔到他们选择的地方。作为替代方案,您可能需要执行以下操作来强化活动的效果:让孩子们环顾房间,然后问他们,"你身上哪个部位最感到担心呢?你的担心是什么颜色的呢?你能在脑海中想象它们吗?你想把你的担心扔到哪里去呢?"让孩子们用不同颜色的蜡笔、记号笔等画出他们自己(全身)的图像,然后让他们画出他们最感到担心的身体部位,以及这些担心的颜色。

做一个烦恼箱

为了让某些孩子更能感受到这种超能力,您可能想开展一个制作真的烦恼箱的活动。这个烦恼箱可以是孩子们全天都能使用的一个有形的工具,或者也可以只是作为了解这种特定超能力的一种展示品。烦恼箱的制作可繁可简。您可以让孩子们用一个空的纸巾盒(可以用马克笔来装饰它)来做烦恼箱;也可以使用从工艺品商店买来的木盒,然后在上面画画,并给它配上一把真正的小锁。在为实际的担心命名的时候,您可以使用小工具,例如棉球或绒球(或其他可选择的物品),或者只是让孩子们像书中描述的那样想象一下他们脑海中的担心,然后在想象中把它们"放"到盒子里去。

按走你的摇摆

当孩子们参与这项活动时,他们会向身体提供深度压力,同时也做了穿过中线的动作。这会对他们的神经系统起到镇静的作用,并允许他们大脑的两个半球"相互交谈",也会提高孩子们的注意力。

挤走你的摇摆

这个活动与"压碎你的摇摆"相同,只是手部动作不同。为了让这种超能力更加有形而具体,您可以剪一些方形的泡泡纸,让孩子们用手拿着泡泡纸。然后告诉他们这张泡泡纸就代表着他们的摇摆不定,当他们挤压气泡膜时,摇摆就会消失!孩子们捏破泡泡时产生的可以被听到的爆裂的声音应该可以强化这个活动所要传达的信息。想要效果更好的话,您可以购买大号的气泡纸,让孩子们在气泡纸上画出或写出代表他们摇摆不定的图形或单词。一旦他们捏破气泡,他们画的或写的东西就真实地消失了。

压碎你的摇摆

为了使这种超能力更加有形（这会很有趣，但也可能会把环境弄得一团糟），您可以在孩子们的掌心里放一些小的且能挤出水的东西（比如一块西红柿、一瓣去皮的橙子等），最好让孩子们把手放在垃圾箱或水桶上。然后告诉孩子们这块东西代表他们的摇摆不定，当他们挤压这块东西时，他们的摇摆不定就会变成汁液并消失掉。

缩成一团

这是我作为治疗师在临床实践中经常使用而且最喜欢的瑜伽姿势之一。这个动作需要有干净的地面，因为当孩子们主动拥抱自己并将自己挤压成一个球时，他们身体的大部分都会接触到地面，而地面会给孩子们整个的身体提供深度的压力。您可以让孩子们闭上眼睛，让他们把注意力集中在自己的身体内部。这是一项很棒的大运动感觉统合训练，在让孩子长时间坐着之前或当孩子感到极度失调的时候，都可以让他们进行这项练习。

停止标志

如果您想以一种更切实的方式来提醒孩子这项重要的超能力的话，那么简单地画一个停止标志就是很好的工具/策略（您可以亲自动手画，也可以让孩子们自己画自己的，或者让他们给班级或小组画一个，这会让他们觉得自己是这个工具的主人）。停止标志应该足够小，可以被穿在钥匙圈上，这样您就可以将它挂在孩子们的皮带环上，让孩子们一整天都可以得到提醒。

做一份清单

想要引入这个活动并使之更为具体，您可能需要先完成从笔到纸的任务，即：给孩子们每人一支马克笔和一张纸（尽可能给孩子提供自己选择的机会），让他们在纸上写下或画出他们心中的每个问题。接下来，让他们把纸折起来。提醒他们说，如果他们需要，他们以后随时可以打开看看。这个过程也许会让这项超能力变得更加具体。

带自己去内心的平静之地

这大概是整本书中我最喜欢的策略了。我们生活的世界里需要"插入电源"的时候太多了,智能手机、平板电脑、网络社交媒体,等等。这并不是说我不是 iPad 的粉丝(我经常在实践中使用它),我只是觉得孩子们(和成年人)能够获得并抓住机会"拔掉电源"回到自己的内心是很重要的。在本书的这个特定部分,自控超人要教会孩子们"带自己去内心的平静之地"这项超能力,我们真诚地引入了认知灵活性、想象力思维以及冥想、持续注意力和正念等策略。您可以引导孩子简单地去做,比如回想一个积极的记忆,您也可以借用"平静乌托邦"的冥想故事作为脚本。如果您坚持经常为孩子们读这个故事,那么它就会成为孩子"应对工具箱"的一部分。我曾经为一个学生做心理治疗,我们暂且称呼她为 MJ 吧。我一直坚持在每次治疗结束前,和她一起做很多这种类型的冥想。有一天,当她离开我的办公室时,她转向我说:"劳伦女士,您必须把这些故事讲给我妈妈听。有一天,我从噩梦中醒来,我没有去妈妈的床上,而是想起了您给我讲的故事,我把它讲给自己听,然后回到了自己的床上!"哇,我真是太开心了!这真是个"我爱我的工作"时刻啊！（小窍门：您可以在阅读故事时调暗灯光并播放非常平静舒缓的背景音乐。）

给自己做个头部按摩

让这个超能力变得更具体的一种方法是让孩子们先画一幅自画像，只画出头部和脖子即可。接下来，他们可以去画从头部冒出了不同的思想泡泡，在泡泡上画出或写出他们想到的各种令人讨厌的感觉。现在，让孩子们揉揉自己的太阳穴或头顶。最后，让他们在每一个代表令人讨厌的感觉的泡泡上打叉，因为它们都消失了。

提醒手环

下文中的手环将强化本书中学到的 15 种超能力。

孩子们应该每天佩戴着它们。这些手环可以随着时间的推移,淡化成人的提示,帮助孩子在不同的环境中将这些策略转化为他们自己的习惯。手环是按照本书中的五个部分进行划分的。

使用方法:

1. 复印并裁成条状。
2. 多复印一些以方便每日使用。
3. 额外选项(推荐用这个方法):把您或孩子首选的超能力手环塑封起来。这样就做成了孩子们可以每天使用的一个结实耐用的手环。

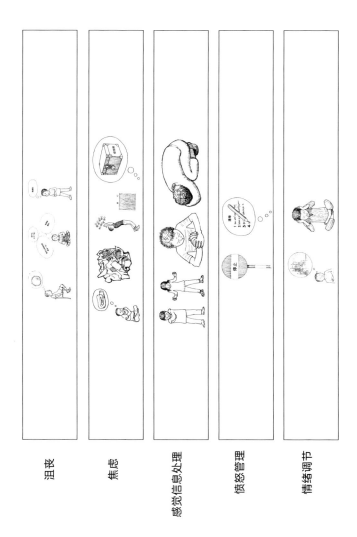

学会一项超能力,获得自控力证书

在横线处填上超能力的名字

祝贺你

你已经掌握了下面这个超能力

_____

日　　　期:_____
成 年 人 签 名:_____
自控学校签名:_____

学会 15 种超能力，获得自控学位证书

祝贺你

从自控超人学校毕业啦！

你现在是正式的自控超人了！

日　　　　期：＿＿＿＿＿＿＿＿＿

成 年 人 签 名：＿＿＿＿＿＿＿＿＿

自控学校签名：＿＿＿＿＿＿＿＿＿

桌面提醒字条

您可以复印这些字条或将其塑封,然后放置在地毯上、课桌/餐桌上,或者贴在墙上,作为从本书中学到的 15 个超能力的视觉提醒。它们是按照书中的五个章节分开的。

092　"自控超人"的15项超能力

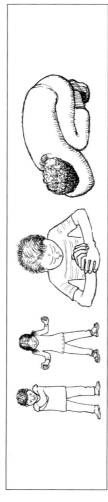

感觉信息处理

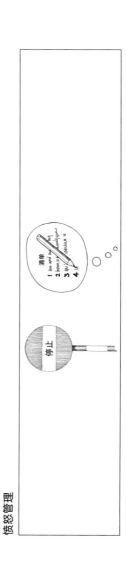

愤怒管理

第二部分 写给成年人：为孩子提供方法与支持

情绪调节

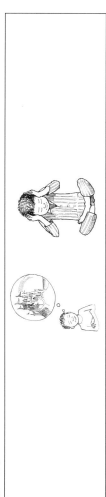

一目了然：资源图表

这些图表对应了每项超能力和每种需要调节的身体或情绪状态（虽然关注的是儿童，但也适用于成年人）。

沮丧

焦虑

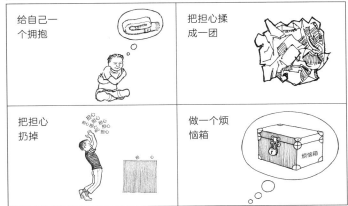

感觉信息处理

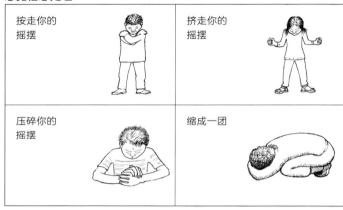

按走你的摇摆	挤走你的摇摆
压碎你的摇摆	缩成一团

愤怒管理

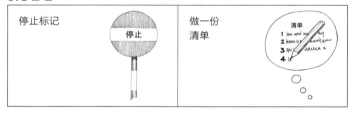

停止标记	做一份清单

情绪调节

带自己去内心的平静之地	给自己做个头部按摩